Opololaoluwa Ogunlowo

EFICÁCIA DA ADSORÇÃO DE OXYTENANTHERA EM ÁGUA PRODUZIDA

Opololaoluwa Ogunlowo

EFICÁCIA DA ADSORÇÃO DE OXYTENANTHERA EM ÁGUA PRODUZIDA

Utilização de carvão ativado; carbonizado a diferentes temperaturas

ScienciaScripts

Cover image: www.ingimage.com

This book is a translation from the original published under ISBN 978-620-7-46533-0.

Publisher:
Sciencia Scripts
is a trademark of
Dodo Books Indian Ocean Ltd. and OmniScriptum S.R.L publishing group

120 High Road, East Finchley, London, N2 9ED, United Kingdom
Str. Armeneasca 28/1, office 1, Chisinau MD-2012, Republic of Moldova, Europe
Printed at: see last page
ISBN: 978-620-7-71412-4

Reconhecimento

Agradeço à Chevron Nigeria Limited pela oportunidade que me foi dada de utilizar as instalações do seu ambiente de trabalho para realizar parte dos resultados da minha investigação. Estou também grato à unidade de Ambiente da Saúde, Segurança e Ambiente (HSE) por me ter dado o apoio necessário para este trabalho e à unidade de laboratório de Escravos por me ter apoiado dia e noite para garantir a realização deste trabalho, o vosso trabalho de amor tocará sempre um sino no meu coração. Não esqueço a unidade de desidratação por ter disponibilizado tempo para explicar o processo de tratamento da água produzida.

Conteúdo

Resumo

O maior e mais importante volume de águas produzidas ou residuais atribuído às indústrias petrolíferas é a água produzida. O tratamento da água produzida é complicado devido à sua natureza complexa, constituída por sal, aditivos químicos inorgânicos, orgânicos e materiais radioactivos, que podem ser prejudiciais tanto para as indústrias como para o ambiente em geral. O estudo avalia as instalações de tratamento da indústria petrolífera na unidade de desidratação da instalação terminal; as propriedades físico-químicas e os constituintes da água produzida e a capacidade de adsorção da *oxytenanthera abyssinica* (bambu *sp.*) na adsorção de óleo disperso e de metais vestigiais da água produzida. O bambu *sp.* foi lavado, seco, reduzido em tamanho e carbonizado a temperaturas de 300-400° C. A caraterização da estrutura interna e da composição elementar do adsorvente foi efectuada utilizando SEM e EDS como equipamento analítico, respetivamente. A experiência de adsorção do óleo disperso e dos metais vestigiais foi efectuada por processo descontínuo. O resultado do SEM mostra que o adsorvente tem camadas de materiais de micro poros com poros fechados e abertos, enquanto o EDS revelou que o bambu *sp.* consiste em 49,42% de C, 57,28% de O e 3,43% de Si quando em forma bruta, mas quando carbonizado tem 73,81% de C, 14.29% de O, 1,131% de mg, 1,39% de Si e 9,19% de K. A experiência de adsorção mostra que, a uma concentração mais baixa (5-10mg/l) de óleo disperso na água produzida, o adsorvente de bambu tem uma eficiência de remoção de 100% a um tempo de contacto de 5 horas com uma dosagem variável de adsorvente. A uma concentração crescente de 0,1 ml, 0,2 ml e 0,3 ml de petróleo bruto para uma concentração conhecida de óleo disperso na água produzida, foi observada uma gama de eficiência de remoção de 59,17-80,95% com 3 g de adsorvente em 2,4 e 6 horas de tempo de contacto com o bambu *sp.* carbonizado a 350° C, tendo a maior eficiência de remoção de 80,95% em 6 horas de tempo de contacto. O resultado da experiência de adsorção de metais mostra o potencial da *oxytenanthera abyssinica* para a remediação de metais.

Palavras-chave: Água de produção, *oxytenanthera abyssinica* (bamboo *sp.*), Óleo disperso, Propriedades físico-químicas, Adsorção.

Resumo executivo

O principal objetivo do relatório é investigar a capacidade de adsorção de um material agrícola local, *a oxytenanthera abyssinica* (bamboo *sp.*), na adsorção de óleos e gorduras de águas de produção.

O âmbito do trabalho efectuado na instalação terminal da indústria limitou-se à análise dos constituintes da água produzida em termos de parâmetros físico-químicos, teor de óleo disperso e metais vestigiais e experiência de adsorção de óleo disperso e metais vestigiais. Foi também efectuada a identificação das instalações e métodos de tratamento utilizados na unidade de desidratação da instalação terminal.

Os resultados gerados a partir da análise dos parâmetros físico-químicos foram comparados com os registos existentes na indústria e estes foram depois comparados com o limite estipulado pelo organismo regulador DPR.

Verificou-se que nem todos os parâmetros físico-químicos analisados estão em conformidade com os limites aceitáveis para serem descarregados numa zona costeira próxima. Parâmetros como o total de sólidos dissolvidos tinham valores que variavam entre 16332-16572 mg/l, que são superiores aos 5.000mg/l para a costa próxima, os valores de CBO e CQO também estavam acima dos limites estabelecidos de 10-125mg/l, com a CQO a ter 1212mg/l e a CBO a ter 389mg/l.

As instalações de tratamento utilizadas na unidade de desidratação são principalmente vasos de separação, que são utilizados na desnatação do teor de óleo da água produzida antes de o efluente ser descarregado. Trata-se de um vaso de pressão que utiliza a gravidade e o diferencial de densidade na separação do óleo da água.

A identificação do teor de óleo disperso e dos metais vestigiais foi feita com o espetrofotómetro HACH DR 2000 e 2800 com um comprimento de onda de 400 nm, utilizando a fotometria (API-RP45) e o espetrómetro de emissão ótica com plasma indutivamente acoplado (icp-oes) icap 6000 series, respetivamente.

A experiência de adsorção mostra que, a uma concentração mais baixa (5-10mg/l) de óleo disperso na água produzida, o adsorvente de bambu tem uma eficiência de remoção de 100% a 5 horas de tempo de contacto com uma dosagem variável de adsorvente.

A uma concentração crescente de 0,1 ml, 0,2 ml e 0,3 ml de petróleo bruto para uma concentração conhecida de óleo disperso na água produzida, foi observada uma gama de eficiência de remoção de 59,17-80,95% com 3 g de adsorvente em 2,4 e 6 horas de tempo de contacto com o bambu *sp*. carbonizado a 350° C, tendo a maior eficiência de remoção de 80,95% em 6 horas de tempo de contacto.

O resultado da análise dos metais revelou o potencial do adsorvente como material de biorremediação para os metais presentes na água produzida, mas como há inconsistência nos resultados, não se pode chegar a uma conclusão científica. São necessárias validações experimentais dos resultados para se chegar a uma conclusão científica.

O micrograma eletrónico de varrimento e o espetroscópio de dispersão eletrónica foram utilizados para determinar a estrutura interna e a composição elementar do bambu *sp*. respetivamente.

O resultado do SEM mostra que o adsorvente tem camadas de materiais de micro poros com poros fechados e abertos, enquanto o EDS revelou que o bambu *sp*. consiste em 49,42% C, 57,28% O e 3,43% Si quando em forma bruta, mas quando carbonizado tem 73,81% C, 14,29% O, 1,131% mg, 1,39% Si e 9,19% K.

Conclui-se que o adsorvente feito de *oxytenanthera abyssinica* (bamboo *sp*.) encontrado na região de savana do país pode ser utilizado na remoção de óleo disperso da água produzida. Também pode ser aplicado juntamente com as instalações de tratamento existentes na unidade de desidratação da instalação terminal.

1.0 Introdução

O maior e mais importante volume de subprodutos ou águas residuais atribuído às indústrias de produção de petróleo e gás é a água produzida. A água produzida é a água de formação retida no subsolo que vem à superfície durante a exploração e produção de petróleo e gás. Também pode ser vista como a mistura de fluidos que volta a subir pelo furo do poço após a fracturação hidráulica (fracking) ter sido utilizada para simular um poço.

Estima-se que 210 milhões (bbl) de água produzida foram produzidos por dia em todo o mundo no ano de 1999 (Khatib e Verbeek, 2003). Da mesma forma, 17 milhões de metros cúbicos de água produzida foram produzidos diariamente em todo o mundo em 2005, tanto em terra como no mar, juntamente com 120 milhões de barris de petróleo equivalente. Os operadores de petróleo e gás no Delta do Níger tratam e descarregam anualmente 30 milhões de barris de água produzida por dia, o custo do tratamento deste fluxo de resíduos de acordo com (Duhon, 2012) nos Estados Unidos varia entre 1 dólar por barril e cerca de 80 dólares por barril por dia.

O tratamento da água produzida é complicado devido à sua natureza complexa, que inclui o teor de sal, óleos e gorduras ou compostos orgânicos, vários compostos inorgânicos naturais ou aditivos químicos utilizados na perfuração e fracturação, e materiais radioactivos naturais (NORM).

A maioria das indústrias de petróleo e gás na região do delta utiliza métodos de tratamento convencionais, tais como a Flotação de Gás Induzido (IGF) ou a Flotação de Ar Induzido, geralmente conhecida como WEMCO, sendo a Enviro-cell a tecnologia mais recente da classe. O método de separação convencional emprega o princípio da gravidade com diferenças de densidade entre o óleo e a água. De acordo com Jeffrey, (2010) e John *et al*, (2004) o óleo e a gordura na água produzida podem ser classificados como óleo livre, disperso e dissolvido. O método convencional é considerado eficaz na remoção de óleos e gorduras dispersos e não pode ser utilizado na remoção de óleos e gorduras dissolvidos.

Um método alternativo de tratamento que tem sido investigado e ainda está a ser investigado é a utilização do mecanismo de adsorção. Choong et al, (1987) e Goldsmith e Hossian, (1973) sugeriram que a filtração por carbono e por membrana com osmose inversa é muito eficaz na remoção de óleos dissolvidos e emulsionados. Muitos materiais, em bruto ou sob a forma de resíduos, foram desenvolvidos ou modificados para se tornarem adsorventes na adsorção de poluentes, nomeadamente materiais agrícolas, argila, zeólito, processo vibratório de reforço de acções, etc. Ijaola1 e Sangodoyin (2020a). Ijaola1 e Sangodoyin (2020b)

A complexidade da composição química dos produtos petrolíferos faz com que a determinação de óleos e gorduras seja especificada em função do método de análise utilizado. O relatório do Total Petroleum Criteria Working Group (1998) especificou a cromatografia gasosa, a espetrometria de infravermelhos, a gravimetria e o imunoensaio como métodos analíticos para determinar o total de óleos e gorduras na água produzida, enquanto a cromatografia gasosa com deteção por foto-ionização, ionização por chama ou espetrometria de massa e a cromatografia líquida de alta eficiência podem detetar óleos e gorduras individuais na água produzida. O American Petroleum Institute (API, 1995) deixou claro que a combinação de diferentes tecnologias de tratamento pode reduzir os poluentes na água produzida para níveis quase indetectáveis.

Os desafios da re-injeção ou descarga de água produzida parcialmente tratada no ambiente são muitos e podem ser prejudiciais tanto para as indústrias do petróleo e do gás como para o ambiente em geral. A EPA dos Estados Unidos informou que o óleo disperso de menor dimensão na água produzida re-injectada pode tapar os poros da formação do poço. Do ponto de vista biológico, de acordo com o Conselho de Investigação da Noruega (2012), o consumo de água poluída com hidrocarbonetos provenientes da água produzida pode provocar efeitos endócrinos, como perturbações genéticas, stress oxidativo e redução do crescimento.

O aumento da informação sobre os efeitos a longo prazo que podem advir das águas produzidas nos cursos de água obrigou as indústrias do petróleo e do gás a prosseguir a procura de soluções, que incluem formas de reduzir o volume de água produzida, de a reinjectar na formação rochosa e de a tornar suficientemente limpa para ser descarregada como única alternativa.

É à luz do acima exposto que esta investigação foi concebida e realizada numa das principais indústrias de petróleo e gás na região do Delta do Níger para investigar a capacidade de adsorção de um material agrícola local "bambu" na adsorção de óleo e gordura da água produzida. O âmbito do trabalho limita-se à adsorção de óleo disperso por bambu modificado pelo calor e carbonizado a diferentes temperaturas, utilizando o espetrofotómetro HACH DR 2000 e 2800 como instrumento de identificação de óleos e gorduras. As características físico-químicas da água produzida foram também analisadas em relação aos registos existentes na indústria e foram comparadas com os limites regulamentares estabelecidos. Foi também efectuada a adsorção de metais vestigiais por adsorvente.

2.0 Processos de tratamento de água produzida na indústria visitada.

A separação do gás, do petróleo e da água começa nas várias plataformas onde se inicia o processo de produção. Os vasos de pressão são utilizados para separar o fluido por tempo de retenção e diferencial de densidade, sendo o gás queimado ou comprimido na estação de compressão de gás, enquanto a sua água líquida (condensada) é também tratada antes de ser enviada para a unidade de desidratação. O petróleo e a água são enviados a granel (petróleo e água de várias plataformas, quer offshore quer em terra) para a unidade de desidratação da instalação terminal da indústria.

A primeira fase de tratamento na unidade de desidratação é o tanque de lavagem onde o óleo e a água são separados. O óleo seco será enviado para os aquecedores (KTI), enquanto a água produzida deixada no tanque será sugada através da linha de saída de água de 16" e bombeada por bombas de transferência de água através de uma tubulação de 8" para ser tratada nas instalações de tratamento de água produzida, que são os vasos Skimmer ou Surge, WEMCO ou Enviro-cell, e depois para o poço do skimmer, onde o efluente será descarregado ao mar a <20ppm em corpos d'água. Ver fig. 1 e 2 para o diagrama do processo de fluxo de tratamento e figura 3 para a entrada offshore para o tanque de lavagem.

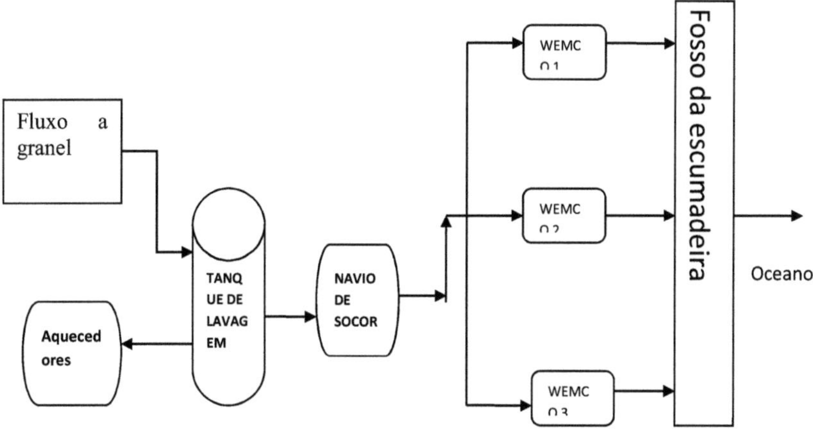

Figure 1: Process Flow Diagram of what is obtainable before the introduction of enviro-cell at the Dehydration Unit of the terminal facility.

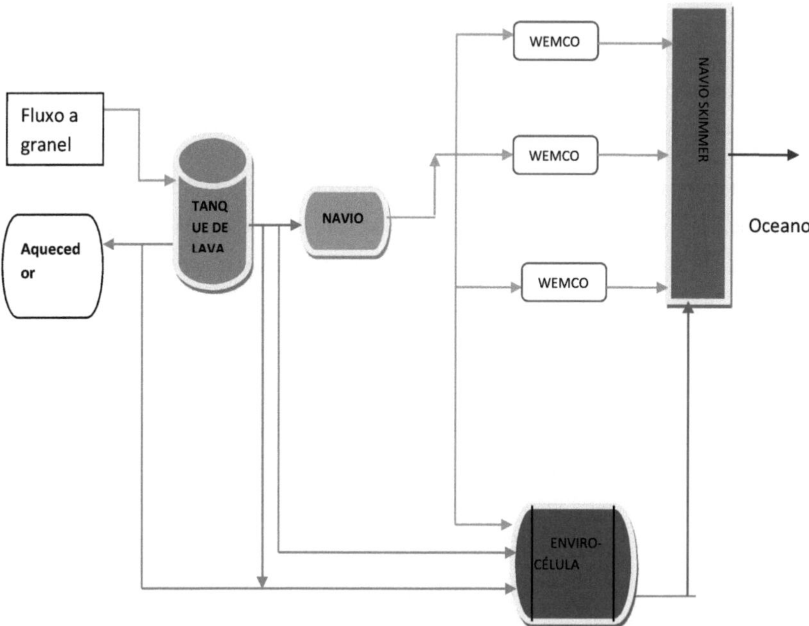

Figura 2: Diagrama de fluxo de processo do que é possível obter atualmente na unidade de desidratação da instalação terminal.

Fig 3 Entrada no mar para o tanque de lavagem

2.1 Instalações de tratamento na unidade de desidratação da indústria petrolífera.

A água produzida no tanque de lavagem é separada por gravidade e técnica de densidade dentro do tanque de lavagem (fig. 4a & b) e movida para os vasos de sobretensão por um tubo de 8" que é um vaso de pressão com configuração interna do tipo balde e açude.

A eficiência do desempenho da sobretensão na remoção do óleo residual da água produzida é auxiliada pelo tempo de retenção e, por vezes, pela injeção de produtos químicos. Na unidade de desidratação existem dois vasos de recuperação com uma capacidade de 100 000 BPD cada (ver fig. 5). O óleo recuperado flui para os vasos de recuperação de óleo por gravidade, com a ajuda da pressão estática mantida nos vasos pelo sistema de gás de compensação, enquanto a linha de saída de água alimenta a unidade WEMCO e a Enviro-cell. A unidade Wemco e a Enviro-cell são células de flutuação de gás induzido localizadas a jusante dos vasos de compensação, a água produzida com baixa concentração de óleo e gordura vai para a unidade Wemco ou para a Enviro-cell. Na altura da visita, existiam 3 unidades Wemco e 1 Enviro-cell com capacidade de 25 000 BPD e superior (fig. 6). A água produzida tratada é descarregada através da linha de descarga para a secção primária do poço do skimmer. A última secção do poço do skimmer está equipada com um PVSV que oferece proteção contra as condições de vácuo. O poço do skimmer é a fase final das instalações de tratamento de águas residuais de desidratação e outros drenos dentro da unidade de desidratação e do parque de tanques. O poço do skimmer retira os últimos vestígios de óleo que ainda possam estar presentes no efluente antes de serem descarregados no mar. O poço tem uma unidade separadora API dependente da gravidade com escumadeiras ajustáveis para escumar o óleo da superfície. Consistem numa vala retangular delimitada por uma parede de betão armado e dividida em compartimentos por açudes e deflectores que dirigem o fluxo de líquido de um compartimento para outro e reduzem o ímpeto do fluido que entra para criar um fluxo mais laminar necessário para uma separação adequada. A dimensão do poço, juntamente com a configuração dos açudes e deflectores, determina o tempo de retenção e de separação, o que favorece a acumulação de óleo à superfície, permitindo a sua evacuação. Ver fig. 7 e 8.

2.2 Outras instalações de tratamento recomendadas pelo API 1995

Para além dos métodos de tratamento na unidade de desidratação da indústria do petróleo e do gás, outros métodos de tratamento recomendados pelo American Petroleum Institute (API), 1995, que se diz ser a melhor tecnologia disponível para a gestão da água produzida em instalações offshore e onshore, são a adsorção de carbono, a filtração por membrana e a luz ultravioleta, para mencionar alguns. Estes métodos foram investigados através de métodos de ensaio laboratoriais e revelaram-se muito promissores, estando ainda a ser avaliados.

A adsorção de carbono é um sistema modular de carvão ativado granular que tem sido utilizado para remover hidrocarbonetos, ácidos, bases e compostos naturais. Requer pouca energia, tem um rendimento mais elevado do que outros tratamentos, trata uma vasta gama de contaminantes e é muito eficaz na remoção de compostos orgânicos de elevada massa molar.

A filtração por membrana é uma membrana polimérica de nano-filtração e osmose inversa, eficaz em partículas, óleos dispersos e emulsionados. Tem um tamanho de impressão de ferramenta pequeno, baixo peso e baixa necessidade de energia, e altas taxas de passagem.

A luz ultravioleta que é irradiada por lâmpadas UV é boa na adsorção de compostos orgânicos dissolvidos: compostos orgânicos voláteis e não voláteis, incluindo biocidas orgânicos.

Fig 4a: Tanque de lavagem para separação óleo - água

Fig4b: Saída do tanque de lavagem para a tubagem de 8

Fig5: Vasos de compensação para separação secundária de óleo

Fig 6: Uma das células de flotação da unidade wemco

Fig7: Fossa de escumadeira com separadores

Fig 8: Saída do poço do escumador para o meio aquático

3.0 Metodologia

3.1 Descrição do local de estudo e do processo de amostragem

3.1.1 Local do estudo

O estudo foi efectuado no terminal de produção da indústria do petróleo e do gás situado na comunidade de Shekiri, no Estado do Delta, na Nigéria. A instalação do terminal acolhe toda a água produzida proveniente das instalações de produção das plataformas sul e norte da indústria.

3.1.2 Procedimentos de amostragem

A água produzida utilizada para esta experiência foi recolhida da saída do tanque de lavagem que se encontra ao longo da tubagem de 8" que corre em direção aos vasos de compensação (fig. 9) na unidade de desidratação da instalação. As amostras foram recolhidas em garrafas de amostragem de 250ml, 500ml e 1000ml em diferentes dias e intervalos de tempo (tabela 1 e fig. 10). Não foi efectuada qualquer análise no terreno, exceto a leitura da temperatura. Não foi efectuado qualquer pré-tratamento ou conservação no terreno antes da análise laboratorial. O tempo de amostragem não foi considerado como um fator experimental; por conseguinte, a análise da amostragem não dependeu do tempo.

3.2 Preparação das matérias-primas

A matéria-prima (*Oxytenanthera abyssinica*: uma espécie de bambu da Nigéria que se encontra na região da savana) utilizada para a preparação do carvão ativado foi recolhida nas colinas de Shere, na comunidade de Mushere, no estado de Plateau. Foi reduzido, lavado com água desionizada e carbonizado a diferentes temperaturas de 300, 350 e 400° C num forno de mufla Gallen Kamp. As amostras carbonizadas foram depois trituradas até ao tamanho de malha desejado (212µm -1,18mm). Ver fig. 11.

Fig 9: Ponto de amostragem

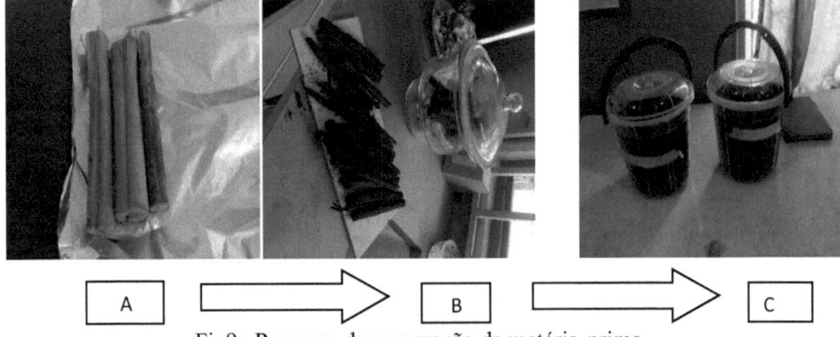

Fig9a Processo de preparação da matéria-prima.

3.3 Procedimento experimental

3.3.1 Teoria experimental

Os espectrofotómetros HACH DR 2000 e 2800 com comprimento de onda de 400nm, utilizando o método de fotometria (API-RP45), foram utilizados para determinar o total de hidrocarbonetos de petróleo na água produzida nas instalações do terminal da indústria petrolífera. A calibração do equipamento foi efectuada pela indústria petrolífera com um limite inferior de 5ppm. O Espectrómetro de Emissão Ótica de Plasma Indutivamente Acoplado (ICP-OES) icap 6000 series foi utilizado para determinar a concentração antes e depois dos metais de interesse. A determinação do total de hidrocarbonetos de petróleo na água produzida por espetrofotómetro ultravioleta baseou-se na absorção caraterística do composto aromático com ligação de conjugação e anel de benzeno na região ultravioleta do petróleo, e a base teórica é a lei de Lambert.

3.3.2 Aparelhos e reagentes

Os aparelhos utilizados no processo experimental foram:

- Espectrofotómetro HACH DR 2000 e 2800
- Agitador orbital 3-D (Glasco)
- Agitador rotativo (cooperação Eberbach) para agitação
- Funis de separação para misturar e separar o óleo da água
- Papel de filtro (Whatman, 150 mm de diâmetro).

Os reagentes utilizados no processo experimental foram:

- Ácido clorídrico: para acidificar a solução a um pH inferior a 2 e tornar as bactérias inactivas
- O N-Hexano foi utilizado para extrair o óleo da água
- O sulfato de sódio anidro foi utilizado na desidratação da humidade do óleo.

O espetrómetro de emissão ótica de plasma acoplado indutivamente (ICP-OES) icap 6000 series foi padronizado com QC-Multi-std. Duas percentagens de ácido nítrico foram preparadas adicionando duas partes de volume de ácido nítrico a 98 partes de volume de água destilada desionizada. O ácido clorídrico na proporção de um para um foi preparado adicionando uma parte de volume de ácido clorídrico a uma parte de volume de água destilada desionizada.

3.3.3 Método de extração

Foram adicionados 10 ml de HCl e 100 ml de n-hexano a 1000 ml de água produzida num frasco regente, após o que a mistura foi transferida para uma ampola de decantação com tampa e agitada durante 5 minutos num agitador orbital 3-D. A solução foi então deixada separar por gravidade num suporte de retorta para obter um segmento de óleo claro da água. O segmento de água no fundo foi drenado para um frasco de reagente. O óleo foi então passado através de sulfato de sódio anidro num papel de filtro para desidratação, e para uma cuvete de 10 ml para ler a concentração inicial com o espetrofotómetro DR-2800 a 400 nm de comprimento de onda, após calibração do valor em branco. O extrato restante foi conservado num frasco de reagente (70- 90ml) para análise posterior. Este procedimento foi efectuado repetidamente para todas as amostras analisadas.

3.3.4 Tratamento direto da água de produção com adsorvente

2,5 ml de HCl e 25 ml de n-hexano foram adicionados a 250 ml de água produzida em 18 garrafas de reagente. Foram utilizadas três amostras dos frascos de reagente para determinar a concentração inicial da água produzida utilizando o método de extração descrito no ponto 3.3.3. Foram adicionados diferentes carvões activados de dosagens variáveis (0,7, 1,4, 2,1, 2,8 e 3,5 g) às restantes amostras de frascos de reagente, agitados num agitador rotativo a 160 rpm durante um período de contacto de 5 horas, após o que as soluções foram submetidas a um procedimento de extração para separar a camada de óleo da água e do carvão ativado. Os carvões activados estavam entre as camadas de óleo e de água; os segmentos de água no fundo foram então drenados para frascos de reagente. As camadas de óleo foram então decantadas dos carvões activados para um copo de 20 ml e imediatamente passadas por sulfato de sódio anidro num papel de filtro para desidratação e depois para uma cuvete de 10 ml para ler a concentração final com o espetrofotómetro DR-2000 a 400 nm de comprimento de onda, após a leitura do valor em branco. Ver quadro 5.

3.3.5 Tratamento da água de produção modificada com adsorvente

Para testar ainda mais a eficiência de remoção do carbono a uma concentração mais elevada de hidrocarbonetos totais de petróleo na água produzida, a água produzida com uma concentração conhecida de 39,34 mg/l foi adicionada com petróleo bruto de densidade 0,8835 mg/l a 0,1, 0,2 e 0,3 ml, respetivamente, para obter uma concentração de 746,14, 1452,94 e 2159,74 mg/l, respetivamente. Foram então adicionados 3g de carvões activados de 350 e 400° C a cada água produzida modificada e agitados em diferentes tempos de contacto de 2,

4 e 6 horas num agitador rotativo a 160 rpm. As soluções foram então submetidas a um processo de extração para separar a camada de óleo da água e do carvão ativado e centrifugadas para uma separação clara. Os carvões activados estavam entre as camadas de óleo e de água; os segmentos de água no fundo foram drenados para frascos de reagentes. As camadas de óleo foram então decantadas dos carvões activados para um copo de 20 ml e imediatamente passadas através de sulfato de sódio anidro num papel de filtro para desidratação e depois para uma cuvete de 10 ml para ler a concentração final com o espetrofotómetro DR-2000 a 400 nm de comprimento de onda, após a leitura do valor em branco. Ver quadro 6

3.3.6 Análise dos metais

Para analisar a concentração de metais tractos na água produzida, foi utilizado um frasco de reagente de 5000 ml na amostragem. Para determinar as concentrações iniciais de metais na água produzida, 50 ml de água produzida filtrada foram colocados no frasco de reagente, seguidos de 10 ml de con. HNO_3 para dejeção, após o que foi devidamente agitado durante alguns minutos. A amostra foi ainda diluída colocando 10 ml no frasco analítico e foi enchida até à marca com 2% de HNO_3 e depois foi adicionada água desionizada para a encher. A concentração foi então lida com a ajuda do Espectrómetro de Emissão Ótica de Plasma Indutivamente Acoplado (ICP-OES) icap 6000 series. Foram utilizadas três réplicas para as concentrações iniciais de todos os metais testados. Dosagens variáveis (0,5, 1,0, 1,5, 2,0 e 2,5) de carvão ativado carbonizado a 350 e 400° C foram adicionadas a 50ml de água produzida não filtrada, agitada num agitador rotativo a 160rpm durante o tempo de contacto de (40min, 1,2,3,4 e 5hrs) após o qual a amostra foi filtrada e os filtrados foram então dejectados com 1ml de con. HNO_3 com 10ml de HNO 2%$_3$ e desionizados para diluir ainda mais o filtrado em frascos analíticos. Ver tabela 7.

3.4 Análise físico-química da água produzida.

Os parâmetros físico-químicos da água produzida amostrada foram também analisados em termos de pH, salinidade, total de sólidos dissolvidos (TDS), total de sólidos suspensos (TSS), condutividade, etc., utilizando o Pc titrate (ManTech), um instrumento de medição multiparâmetro (tabela 2). O resultado foi comparado com a norma EGASPINS, 2000 (tabela 3) e com os registos anuais da água produzida na indústria (tabela 4). Toda a água desionizada e destilada utilizada nesta experiência foi destilada pelo Easy pure rodi thermo science e pelo destilador Barnstead, respetivamente.

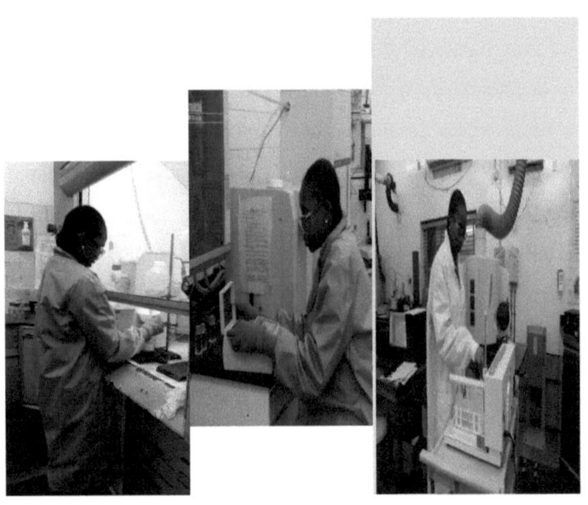

Fig 10: Processo laboratorial de análise da água produzida.

4.0 Resultados e discussão

A água produzida analisada foi recolhida uma vez por dia, durante 8 dias, às 8:00, 11:00, 4:00 e 2:30 da manhã, e da saída do tanque de lavagem, que se encontra a jusante do tanque, para verificar se há uma alteração no teor de óleos e gorduras em relação ao tempo. A partir da tabela 1, pode deduzir-se que as concentrações de hidrocarbonetos totais variam com a hora e o dia, sendo 6,33 mg/l o valor mais baixo e 39,34 mg/l o valor mais alto. Estes resultados confirmam ainda que a composição da água produzida durante o tempo de vida de um poço varia muito devido às características do reservatório e à maturidade da produção (OGP, 2005). Isto também pode ser o resultado de diferenças no caudal, uma vez que a amostragem foi feita num tubo de fluxo, ou de produtos químicos aplicados durante o processo de produção. Ver também fig. 11.

A Tabela 2 mostra o resultado dos parâmetros físico-químicos da água produzida a partir do local de produção do terminal. Os resultados obtidos foram obtidos a partir de uma amostragem de dois dias dentro do prazo experimental. O resultado da análise foi comparado com os quadros 3 e 4.

Tabela 1 Teor de óleos e gorduras na saída do tanque de lavagem

Data	Tempo	Temp(^{O} C)	pH	Odor	Con. de O&G mg/l
12/09/2014	11:00	35.50	7.87	Objeccionável	10.99
13/09/2014	08:00	37.90	8.13	Objeccionável	10.73
14/09/2014	04:00	27.35	7.82	Objeccionável	10.78
15/09/2014	11:00	35.02	7.05	Objeccionável	6.33
16/09/2014	08:00	37.90	7.87	Objeccionável	8.66
17/09/2014	02:30h	27.02	7.76	Objeccionável	39.34
18/09/2014	08:00	35.50	7.76	Objeccionável	Análise de metais
19/09/2014	11:00	35.25	7.75	Objeccionável	Análise de metais

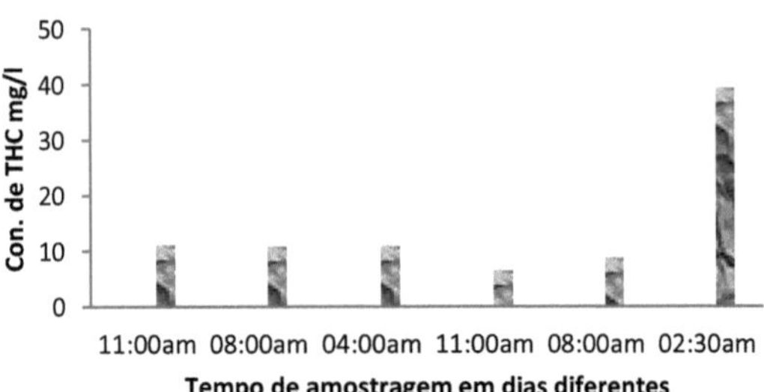

Fig 11: Gráfico de barras que mostra as diferentes concentrações de óleos e gorduras na água produzida em diferentes dias de amostragem.

Quadro 2: Parâmetros físico-químicos da água produzida recolhida no tanque de lavagem da unidade de desidratação nos dois primeiros dias de amostragem.

Parâmetros PW	**Primeiro dia**	**Segundo dia**
Temp	35.50	37.90
pH	7.870	8.130
Salinidade	8807.36	8807.36
Turbidez	16.6	21.5
Condutividade	28.0	25.5
TSS	25	13
TDS	16,573	16,352
COD	1212	1212
CBO	389	389
Odor	Objeccionável	Objeccionável
Gosto	Não testado	Não testado
Bicarbonato	Não testado	Não testado
Cl^{-2}	Não testado	Não testado
Crómio (cr $)^{-2}$	< 0.01	< 0.01
Cobre(cu)	< 0.01	< 0.01
Ferro (Fe) $^{3+}$	0.223	0.223
Zinco	0.057	0.057
Chumbo(Pb),	0.010	0.010

Temp.(º C), Condutividade (ms/cm), Turbidez (NUT), todos os outros parâmetros estão em (mg/l). Outros parâmetros como o sulfureto, o sulfato e o mercúrio não foram analisados. A análise da água produzida PW foi efectuada no laboratório de petróleo e gás e a calibração de todos os instrumentos foi feita por eles.

PARÂMETROS	MÉTODO	Jan-14	Fev-14	Mar-14	Abr-14	maio-14	Jun-14	Jul-14	Ago-14	Set-14
Quantidade , m^3 = BWPD *0,159		11,114	10,826	11,280	11,306	10,292	14,589	9,241	12,204	12,127
Ph	ASTM D1293	7.9	8.0	8.0	7.6	8.0	7.8	7.7	7.8	7.7
Tempº C = (º F - 32) * 5/9	APHA 2550 B	42	39	35	41	38	36	36	36	35
Salinidade (Cl^-), mg/L	API RP45	7,808	8,977	8,587	7,518	8,128	9,237	7,328	7,698	7,898
THC, mg/L	EPA 1664	5	5	8	9	6.0	5	6	5	7
TDS, mg/L	APHA 2540 C	15,328	16,086	14,822	13,706	13,254	14,650	14,387	14,947	15,686
SST, mg/L	APHA 2540 D	33	28	24	35	14	23	33	30	43
Turbidez, NTU	ASTM D1889	7	16	21	28	19	20	19	12	60
CBO, mg/L	APHA 5210 D	505	490	542	449	434	381	456	658	584
CQO, mg/L	ASTM D 1252	656	529	1192	492	869	724	990	1,320	990
Crómio (Cr^{6+}), mg/L	API RP45	0.003	<0.001	0.021	0.037	<0.001	<0.001	<0.001	<0.001	<0.001
Cobre (Cu), mg/L	API RP45	0.018	0.025	0.025	0.064	0.023	0.004	0.021	<0.003	0.008
$Ferro^{3+}$ (Fe^{3+}), mg/L	API RP45	0.195	0.414	1.260	0.320	0.406	0.547	0.414	0.496	0.696
Chumbo (Pb), mg/L	API RP45	0.888	0.027	0.056	<0.009	0.049	0.015	0.063	0.055	0.026
Zinco, mg/L	API RP45	0.048	0.038	0.182	0.094	0.059	0.014	0.017	0.058	0.139

Tabela 3: Características da água produzida de janeiro a setembro de 2014, analisadas pela indústria do petróleo e do gás visitada em setembro de 2014.

Fonte: indústria do petróleo e do gás visitada em 2014

Característica do efluente	Zonas interiores	Perto da costa	Offshore
pH	6.8-8.5	6.8-8.5	Sem limite
Temp	25	30	-
Teor de óleos e gorduras	10	20	40
Salinidade	600	2,000	Sem limite
Turbidez	>10	>15	-
Condutividade	-	-	-
Sólidos Suspensos Totais (SST)	>30	>50	-
Sólidos totais dissolvidos (TDS)	2,000	5,000	-
Carência química de oxigénio (CQO)	10	125	-
Carência bioquímica de oxigénio (CBO)	10	125	-
Odor	-	-	-
Gosto	-	-	-
Bicarbonato	-	-	-
Cl^{-2}	-	-	-
Crómio $(cr)^{-2}$	0.03	0.05	-
Cobre(cu)	1.5	Sem limite	Sem limite
Ferro $(Fe)^{3+}$	1.0	Sem limite	Sem limite
Zinco	1.0	5	-
Chumbo(Pb),	0.05	Sem limite	Sem limite
Sulfureto	0.2	0.2	0.2
Sulfato	200	200	200
Mercúrio	0.1	-	-

Tabela 4: Limitações de efluentes para instalações de petróleo e gás interiores/próximas da costa para águas residuais oleosas

Temp. (^{O} C), Condutividade (ms/cm), Turbidez (NUT), todos os outros parâmetros estão em (mg/l). Fonte: Directrizes ambientais e
Normas para a indústria petrolífera na Nigéria (EGASPINS, 2000).

A partir da tabela 2, o pH variou entre 7,9-8,1; os valores estão dentro dos limites máximos permitidos para o interior e a proximidade da costa e também em conformidade com as tabelas 3 e 4.

O valor da salinidade analisado situa-se entre 8807,36 e 8977mg/l e o registo anual apresentado também mostra valores mais elevados de 7808-8977mg/l, muito acima do limite máximo estabelecido pelo organismo regulador (DPR) para a salinidade. Esta condição pode levar ao aumento do pH e pode conter um nível mais elevado de sólidos dissolvidos ou metais que podem incentivar o crescimento de algas no local onde está a ser descarregado (Duffuf, 1980 e Onojake e Chukunedum, 2012).

O valor da turbidez variou entre 13-25NUT para a amostra de água produzida analisada, enquanto que o registo dado tem um intervalo de valores de 7-60NUT. Os resultados de turbidez nas tabelas 2 e 5 não são consistentes, uma vez que todos os valores analisados não estão em alinhamento com o limite máximo estabelecido pelo DPR (departamento de recursos petrolíferos) perto da costa. A variação da turbidez na medição da água produzida é um fator essencial na gestão da água, uma vez que fornece informações que determinam se um tratamento químico adicional deve ser dado aos processos de tratamento antes de o efluente ser descarregado (Clair et al, 2003).

Os valores de condutividade das amostras variam entre 25,5 e 28,0 ms/cm. Uma vez que o DPR não a incluiu como um fator a considerar no seu limite estabelecido, também não foi incluída no registo apresentado. De acordo com Onojake et al, (2011), a condutividade é um fator de elementos dissolvidos em amostras de água, pelo que a condutividade pode ser deduzida a partir do total de sólidos dissolvidos (TDS).

Os valores de TSS variam entre 13-25mg/l e os valores de TDS estão compreendidos entre 16332-16572 para todas as amostras analisadas, enquanto que o registo apresentado tem valores de TSS de 14-43mg/l e TDS entre 13254-16089mg/l. Os valores de TDS são muito mais elevados do que o limite regulamentar de 2000mg/l e 5000mg/l para o interior e a costa. Este facto foi também confirmado por Ishehunwa e Onovae, (2011) e Onojake e Abanum, (2012). O resultado do TDS mostra que a água produzida pode conter metais pesados e sal dissolvido, que se supõe terem sido removidos pelas instalações de tratamento, sugerindo também que a unidade de flotação não é muito eficiente no tratamento de grandes volumes de água produzida no terminal. Este facto confirma igualmente as conclusões da API de 1995.

O valor da CQO e da CBO também é de cerca de 1212 e 389 mg/l, respetivamente, enquanto os valores registados se situam entre 381-658 para a CBO e 529-1320 para a CQO. Os valores são superiores ao limite máximo estabelecido de 10-125mg/l para o interior e a proximidade da costa, tal como recomendado pelo DPR. Este facto é também um reflexo do aumento de TDS.

4.1 Experiência de adsorção do teor de óleo disperso na água produzida.

A Tabela 5 mostra a capacidade de adsorção da *oxytenanthera abyssinica* a diferentes temperaturas de carbonização na adsorção do teor de óleo disperso na água produzida.

A partir da tabela 5, pode deduzir-se que a concentração inicial de 5-10mg/l utilizando adsorvente de vários pesos de 0,7, 1,4, 2,1, 2,8 e 3,5 reduziu a concentração inicial a zero no tempo de contacto de 5 horas, com uma eficiência de remoção de 100%. Estas observações mostram que o adsorvente produzido a partir de *oxytenanthera abyssinica pode* remover totalmente o baixo teor de óleo disperso na água de produção, independentemente da dosagem do adsorvente, após 5 horas de contacto.

Para validar ainda mais a eficácia do adsorvente *oxytenanthera abyssinica* na adsorção do teor de óleo disperso, a concentração do teor de óleo disperso de 39,34mg/l na água produzida foi aumentada através da adição de 0,1mg/l, 0,2mg/l e 0,3mg/l na água produzida para formar uma concentração mais elevada. A eficácia da adsorção foi então verificada através da variação do tempo de contacto, utilizando uma dosagem constante de 3g para cada adsorvente testado. A Tabela 7 mostra a variação da adsorção de óleo com a variação do tempo utilizando uma dosagem constante de adsorvente (350° C e 400° C). A percentagem de eficiência de remoção aumenta com o aumento do tempo de contacto, mas com variação ao longo do valor incremental para cada tempo de contacto avaliado. Observou-se que o tempo de avaliação de 6 horas teve a maior eficiência de remoção com 72,14%, 70,17% e 70,86% para o adsorvente carbonizado a 400° C quando 0,1 ml, 0,2 ml e 0,3 ml de petróleo bruto foram adicionados a uma concentração conhecida de água produzida, respetivamente, enquanto 75.39% e 80,95% foram observados para o adsorvente carbonizado a 350° C quando 0,2ml e 0,3ml de petróleo bruto foram adicionados a uma concentração conhecida de água produzida, respetivamente, com uma tendência de exceção para o incremento de 0,1ml que teve a sua maior eficiência de remoção às 2 horas.

Tempo de recolha	Temp(^{0} C)	Carvão ativado (^{0} C)	Dosagem de carbono (g)	Con. inicial de O&G (mg/l)	Tempo de retenção (hrs)	Con. final de O&G (mg/l)	O&G retirado	Eficiência de remoção de O&G (%)
4.00	35.5	300	0.7	10.78	5.00	0.00	10.78	100
4.00	35.5	300	1.4	10.78	5.00	0.00	10.78	100
4.00	35.5	300	2.1	10.78	5.00	0.00	10.78	100
4.00	35.5	300	2.8	10.78	5.00	0.00	10.78	100
4.00	35.5	300	3.5	10.78	5.00	0.00	10.78	100
4.00	35.5	350	0.7	10.78	5.00	0.00	10.78	100
4.00	35.5	350	1.4	10.78	5.00	0.00	10.78	100
4.00	35.5	350	2.1	10.78	5.00	0.00	10.78	100
4.00	35.5	350	2.8	10.78	5.00	0.00	10.78	100
4.00	35.5	350	3.5	10.78	5.00	0.00	10.78	100
4.00	35.5	400	0.7	10.78	5.00	0.00	10.78	100
4.00	35.5	400	1.4	10.78	5.00	0.00	10.78	100
4.00	35.5	400	2.1	10.78	5.00	0.00	10.78	100
4.00	35.5	400	2.8	10.78	5.00	0.00	10.78	100
4.00	35.5	400	3.5	10.78	5.00	0.00	10.78	100

Tabela 5 Adsorção de O&G da água produzida com dosagem variável de carvão ativado a temperaturas de carbonização de 300, 350 e 400^0 C com tempo de contacto de 5 horas

Tabela 6: Variação na adsorção de óleo com tempo variável utilizando três gramas de dosagem de adsorvente à temperatura de carbonização de 350 e 400 C°

Tempo de recolha	Temp (° C)	Carvão ativado (° C)	Dosagem de carbono (g)	Teor inicial de O&G no PW (mg/l)	Valor acrescentado do petróleo bruto (ml)	O&G na modificação PW (mg/l)	Tempo de retenção (HRS)	Con. final de O&G	% EFF
2.30	37.9	350	3	39.34	0.1	746.14	2	240.42	67.78
2.30	37.9	350	3	39.34	0.1	746.14	4	268.00	64.08
2.30	37.9	350	3	39.34	0.1	746.14	6	252.80	66.12
2.30	37.9	400	3	39.34	0.1	746.14	2	245.48	67.10
2.30	37.9	400	3	39.34	0.1	746.14	4	287.36	61.48
2.30	37.9	400	3	39.34	0.1	746.14	6	205.88	72.41
2.30	37.9	350	3	39.34	0.2	1452.94	2	526.80	63.74
2.30	37.9	350	3	39.34	0.2	1452.94	4	529.48	63.56
2.30	37.9	350	3	39.34	0.2	1452.94	6	357.48	75.39
2.30	37.9	400	3	39.34	0.2	1452.94	2	472.48	67.48
2.30	37.9	400	3	39.34	0.2	1452.94	4	588.48	59.49
2.30	37.9	400	3	39.34	0.2	1452.94	6	433.34	70.17
2.30	37.9	350	3	39.34	0.3	2159.74	2	770.04	64.35
2.30	37.9	350	3	39.34	0.3	2159.74	4	679.20	68.55
2.30	37.9	350	3	39.34	0.3	2159.74	6	411.40	80.95
2.30	37.9	400	3	39.34	0.3	2159.74	2	881.74	59.17
2.30	37.9	400	3	39.34	0.3	2159.74	4	695.36	67.80
2.30	37.9	400	3	39.34	0.3	2159.74	6	629.28	70.86

Observou-se que a adsorção de óleo disperso pelo adsorvente de bambu *oxytenanthera abyssinica atingiu* o equilíbrio gradualmente, o que se deve ao facto de o adsorvente ter uma área de superfície de poro único de 1,13m^2 /g com uma área de superfície interna porosa de cerca de 1896-4659m^2 /g. De acordo com Faust e Aly, (1983), um adsorvente com uma grande área de superfície interna porosa passará por três fases de transporte de massa aquando da adsorção de um soluto a partir de uma solução. Em primeiro lugar, o adsorvato migra através da solução, o que é conhecido como difusão de película, seguido do movimento do soluto da superfície da partícula para o interior por difusão de poros e, finalmente, o adsorvato é absorvido no interior da partícula de adsorvato. Este fenómeno requer um tempo de contacto relativamente longo.

Isto foi observado na (tabela 7) e sugeriu que se o tempo de contacto fosse superior a 6 horas, o adsorvente teria continuado a adsorver até atingir um tempo de equilíbrio (t). Isto não foi feito com base na limitação de tempo nas instalações do terminal da indústria do petróleo e do gás.

O Micrograma Eletrónico de Varrimento (SEM) na (fig12a&b) mostra ainda a estrutura interna do adsorvente de bambu *oxytenanthera abyssinica*, a estrutura consiste em material de microporos em camadas agrupadas e tecidas em conjunto com um poro aberto e um fechado, indicando que o adsorvente de bambu pode ser submetido a processos de filtração e adsorção, respetivamente.

Uma das propriedades físicas dos materiais deste tipo é a propriedade de hidrofobicidade que permite a atração por solventes não polares ou moléculas naturais e a tendência para repelir a água. As moléculas hidrofóbicas que dispersam o óleo na água produzida aglomeram-se formando micelas, os materiais hidrofóbicos, o adsorvente de bambu, adsorvem então o óleo por força de afinidade à superfície ligando o óleo através da estrutura porosa do adsorvente de bambu. O resultado também mostra que o adsorvente carbonizado a 350° C mostra maior afinidade para dispersar na água produzida do que o de 400 C^{O}

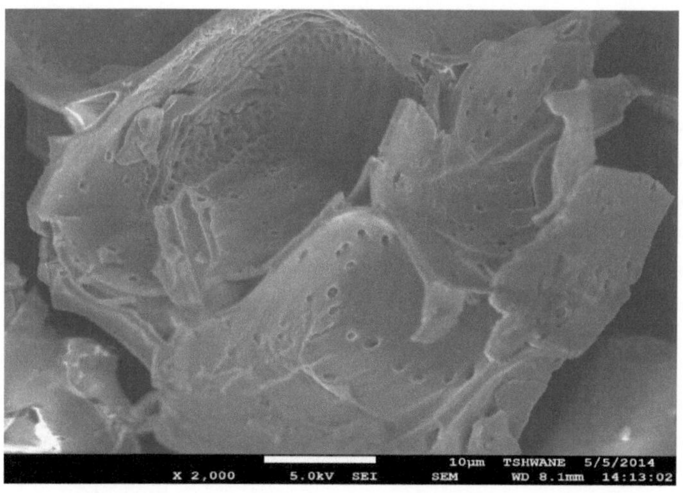

Fig: 12(a) Microgramas electrónicos de varrimento (SEM) do adsorvente de bambu *oxytenanthera abyssinica*

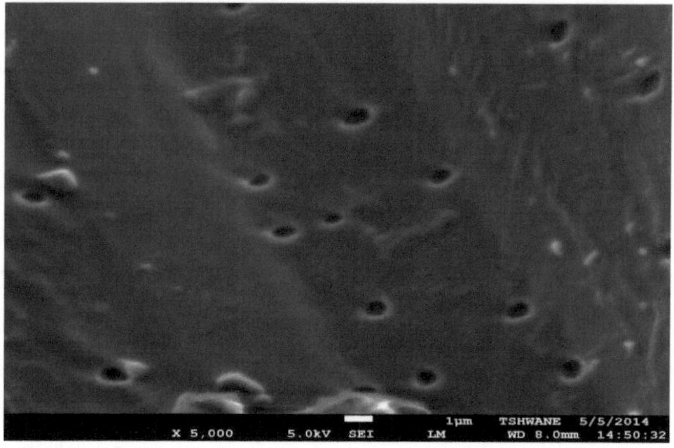

Fig. 12(b): Micrograma eletrónico de varrimento (SEM) do adsorvente de bambu *oxytenanthera abyssinica* numa vista mais próxima

4.2 Experiência de adsorção de metais vestigiais na água produzida.

A Tabela 7 mostra o resultado da análise dos metais e da experiência de adsorção utilizando carbono de dosagens variáveis e um tempo de contacto constante de 5 horas, utilizando temperaturas de carbonização de 350° C e 400° C. Os resultados revelaram que o adsorvente produzido a partir do bambu *oxytenanthera abyssinica* tem potencial para a biorremediação de metais na água produzida, uma vez que alguns dos metais apresentaram uma tendência positiva, mas devido à inconsistência dos resultados experimentais não é possível tirar uma conclusão científica. É necessária uma validação experimental dos resultados para se chegar a uma conclusão científica.

Para verificar ainda mais a reação do adsorvente com o adsorvato (metais), a análise elementar do adsorvente foi feita utilizando o espetroscópio de dispersão eletrónica para conhecer a composição química e os espectroscópios do adsorvente, como se mostra nas figuras 13 e 14.

As tabelas 8 e 9 mostram a composição química do adsorvente quando não carbonizado e carbonizado, respetivamente. A tabela 8 revela que o adsorvente, quando não tratado com calor, continha carbono com uma percentagem de peso de 49,42 e uma percentagem atómica de 57,28, oxigénio com uma percentagem de peso de 47,15 e uma percentagem atómica de 41,02 e silício com uma percentagem de peso de 3,43 e uma percentagem atómica de 1,07, enquanto que na tabela 10 se encontrou um elemento adicional na composição elementar do adsorvente, o que pode ser atribuído à água pura utilizada na têmpera do carbono para evitar que este se transforme em cinzas quando se condiciona o carbono no forno após a carbonização. Os elementos adicionais são o magnésio e o potássio, a percentagem em peso e a percentagem atómica de todos os elementos encontrados no adsorvente carbonizado estão resumidos na tabela 9.

O silício ajuda nos processos de adsorção, tendo sido revelado por Paul e Mark (1985) que a incorporação de silício num sólido aumentará drasticamente a força de ligação do sólido para o cádmio e tem relativamente pouco efeito na sua força para o cobre, cobalto ou zinco. Pode então deduzir-se que a presença de silício no adsorvente apenas contribuirá para a adsorção de metais preocupantes, enquanto o magnésio e o potássio apenas contribuirão para a quantidade de magnésio e potássio na água produzida e não para outros metais, de acordo com a sua percentagem em peso, ver quadro 9.

Tabela 7: Análise de adsorção de metais vestigiais com dosagem variável de adsorvente em 5 horas de tempo de contacto para adsorvente carbonizado a 350° C e 400° C.

Traço de metal	**Inicial Con.**	0.5		1.0		1.5		2.0		2.5	
	Tipo Caron	**350**	**400**	**350**	**400**	**350**	**400**	**350**	**400**	**350**	**400**
Arsénio	**-0.0449**	**-0.02**	**-0.02**	**-0.04**	**-0.02**	**-0.05**	**-0.05**	**-0.03**	**-0.06**	**-0.02**	**-0.01**
Boro	**29.3**	**26.9**	**27.0**	**25.7**	**26.7**	**26.3**	**26.1**	**25.1**	**24.9**	**24.4**	**24.7**
Bário	**15.37**	**8.26**	**6.98**	**5.23**	**5.04**	**6.12**	**3.89**	**4.28**	**3.38**	**4.06**	**2.53**
Berílio	**0.002**	**0.002**	**0.002**	**0.002**	**-0.002**	**0.002**	**0.000**	**0.002**	**0.001**	**0.001**	**0.001**
Cálcio	**85.35**	**64.12**	**60.4**	**50.27**	**49.74**	**53.87**	**43.83**	**46.3**	**36.96**	**44.04**	**33.77**
Cádmio	**-0.0013**	**0.001**	**0.0003**	**0.0038**	**0.000**	**0.000**	**0.003**	**0.000**	**0.000**	**0.000**	**0.000**
Cobalto	**-0.0049**	**-0.001**	**-0.005**	**-0.004**	**0.005**	**0.002**	**0.001**	**0.002**	**-0.00**	**0.002**	**-0.002**
Crómio	**-0.0052**	**-0.005**	**0.007**	**-0.003**	**-0.002**	**-0.001**	**-0.007**	**0.003**	**-0.00**	**-0.00**	**-0.000**
Cobre	**-0.0106**	**0.001**	**0.036**	**-0.001**	**0.002**	**-0.005**	**0.000**	**0.01**	**0.02**	**-0.012**	**0.007**
Ferro	**0.2234**	**0.068**	**0.068**	**0.059**	**0.099**	**0.041**	**0.058**	**0.127**	**0.055**	**0.118**	**0.035**
Potássio	**51.307**	**64.33**	**155.8**	**96.28**	**235**	**25.65**	**309.7**	**110.9**	**392.3**	**121**	**458.2**
Lítio	**0.3063**	**0.3011**	**0.2938**	**0.2802**	**0.284**	**0.294**	**0.274**	**0.284**	**0.277**	**0.267**	**0.269**
Magnésio	**44.55**	**41.58**	**48.61**	**40.43**	**51.31**	**39.94**	**54.77**	**40.9**	**56.56**	**40.52**	**59.36**
Manganês	**0.0449**	**0.0558**	**0.0567**	**0.084**	**0.058**	**0.072**	**0.067**	**0.103**	**0.064**	**0.117**	**0.06**

Sódio	5316.7	5123	5076	5018	4930	5057	4923	5026	4808	4822	4780
Níquel	**0.0177**	**0.0177**	**0.0162**	**0.020**	**0.014**	**0.012**	**0.023**	**0.024**	**0.014**	**0.028**	**0.021**
Fósforo	**26.14**	**21.97**	**22.43**	**22.93**	**22.84**	**23.07**	**25.40**	**22.57**	**27.03**	**19.93**	**28.07**
Enxofre	**32.99**	**34.82**	**35.26**	**36.88**	**37.15**	**35.7**	**38.99**	**38.49**	**40.81**	**38.81**	**42.98**
Silício	**20.28**	**2039**	**21.15**	**21.59**	**21.95**	**21.06**	**21.81**	**22.96**	**22.74**	**22.63**	**23.15**
Estrôncio	**4.16**	**3.19**	**2.91**	**2.47**	**2.33**	**2.67**	**1.99**	**2.21**	**1.61**	**2.07**	**1.42**
Vanádio	**0.0056**	**0.001**	**0.0008**	**0.006**	**-0.008**	**-0.005**	**-0.002**	**-0.00**	**0.004**	**0.001**	**-0.006**
Zinco	**0.0568**	**8.502**	**0.0795**	**20.52**	**0.063**	**15.96**	**0.091**	**27.71**	**0,056**	**31.98**	**0.009**
Chumbo	**0.0105**	**0.004**	**0.0390**	**0.032**	**0.053**	**0.015**	**-0.005**	**0.026**	**0.045**	**0.055**	**0.075**
Alumínio	**0.1964**	**0.1204**	**0.125**	**0.123**	**0.162**	**0.195**	**0.203**	**0.209**	**0.143**	**0.267**	**0.166**

Todos os parâmetros de metais testados estão em mg/l, os adsorventes carbonizados estão em^{O} C e as dosagens de carbono estão em gramas (g)

Tabela 8: Análise elementar de *oxytenanthera abyssinica* quando não carbonizada

Elemento	Peso (%)	Atómica (%)
C	49.42	57.28
O	47.15	41.02
Si	3.43	1.07
Total	100	

Tabela 9: Análise elementar de *oxytenanthera abyssinica* quando carbonizada

Elemento	Peso (%)	Atómica (%)
C	73.81	83.30
O	14.29	12.11
Mg	1.31	0.73
Si	1.39	0.67
K	9.19	3.19
Total	100	

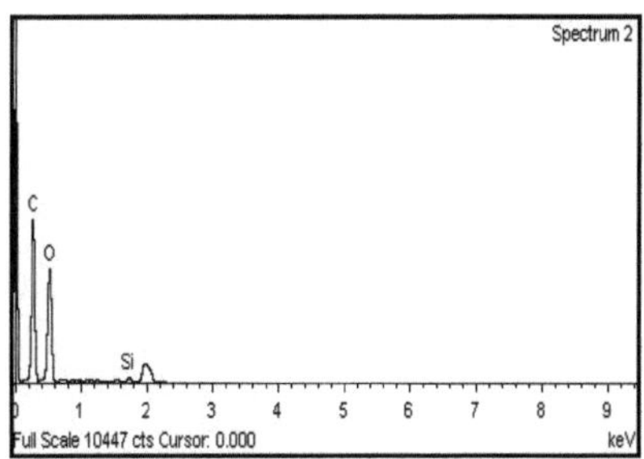

Fig. 13: Espectro de dispersão de electrões (EDS) da *oxytenanthera abyssinica* quando não carbonizada

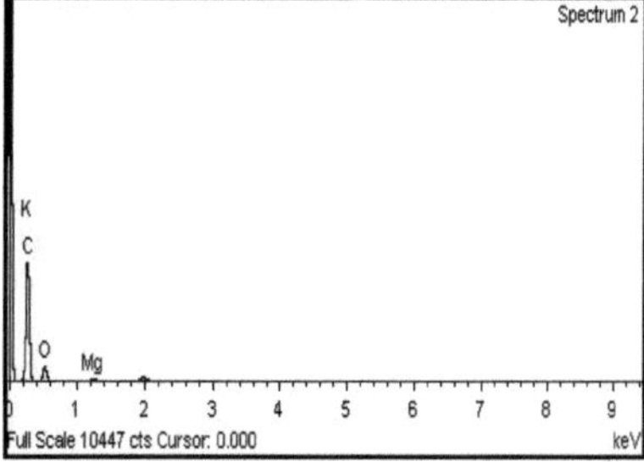

Fig. 14: Espectro de dispersão de electrões (EDS) da *oxytenanthera abyssinica* quando carbonizada

5.0 Conclusões

Tendo estabelecido alguns factos a partir dos resultados e da discussão, podem ser tiradas as seguintes conclusões

1. Os parâmetros físico-químicos analisados confirmaram o registo anual da análise da água produzida pela indústria do petróleo e do gás. Muitos destes parâmetros continuam a ser superiores ao limite estipulado para descarga estabelecido pelo organismo regulador (DPR): sólidos dissolvidos totais, turvação, CBO e alguns outros parâmetros continuam a ser elevados.
2. As instalações de tratamento disponíveis no terminal, tal como observadas, não são capazes de remover todas as formas de óleos e gorduras presentes na água produzida. Este facto sugere a necessidade de combinar métodos de tratamento, tal como recomendado pelo America Petroleum Institute (API), 1995.
3. Verificou-se que o adsorvente tratado termicamente feito de *oxytenanthera abyssinica* (bamboo *sp.*) removeu totalmente o óleo disperso de menor concentração (5-10mg/l) da água produzida num período de contacto de 5 horas.
4. A uma concentração mais elevada de óleo disperso, o adsorvente deu uma eficiência de 59,17-80,95% com o adsorvente tratado termicamente a 350° C tendo a eficiência mais elevada de 80,95% para 6 horas de tempo de contacto, enquanto o adsorvente carbonizado a 400° C tem 72,41% como a mais elevada. A percentagem de eficiência de remoção do adsorvente validado aumenta com o aumento do tempo de contacto.
5. O Microscópio Eletrónico de Varrimento (SME) revelou a morfologia da superfície do adsorvente e isto explica porque é que o adsorvente de bambu pode atrair moléculas hidrófobas como o óleo e a gordura.
6. Os resultados da análise dos metais revelaram o potencial do adsorvente como material de biorremediação para os metais presentes na água produzida, mas como os resultados são inconsistentes, não é possível chegar a uma conclusão científica. É necessária uma validação experimental dos resultados para se chegar a uma conclusão científica.
7. O Espectroscópio de Dispersão de Electrões (EDS) revelou a composição química e os espectroscópios do adsorvente quando carbonizado e quando não carbonizado. Isto revelou os elementos constituintes do adsorvente que podem afetar o processo de adsorção.

8. O adsorvente feito de *oxytenanthera abyssinica* (bamboo *sp.*) encontrado na região de savana do país pode ser utilizado na remoção de óleo disperso da água produzida. Também pode ser aplicado juntamente com as instalações de tratamento existentes na unidade de desidratação da instalação terminal.

6.0 Recomendação

Com o processo de reforma em curso nas instalações de tratamento convencionais localizadas na unidade de desidratação da instalação de produção terminal da indústria do petróleo e do gás, recomenda-se, por conseguinte, que

1. Se a água produzida se destinar a ser reinjectada na cabeça do poço, pode ser considerado o diagrama de fluxo do processo abaixo.

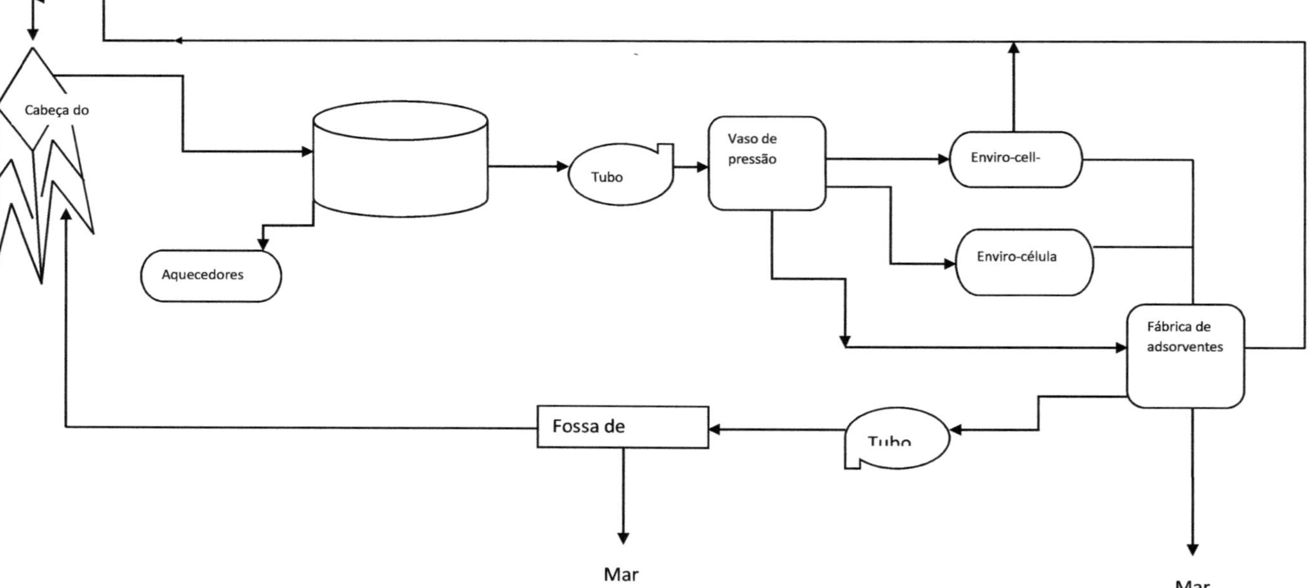

Fig. 12: Sugestão de diagrama de fluxo do processo que irá cooperar com a fábrica de

2. O adsorvente feito a partir de *oxytenanthera abyssinica* (bamboo *sp.*) pode ser incorporado como carvão ativado encamisado no poço do skimmer no processo de tratamento revisto em Escravos, servindo como alternativa no processo de tratamento da água produzida nos casos em que seja necessário efetuar manutenção ou quando ocorra uma eventual falha.

6.0 Referências

Análise de hidrocarbonetos de petróleo no ambiente. Critérios de hidrocarbonetos totais de petróleo Série do Grupo de Trabalho Volume 1, março, 1998

Choong, H. R., Paul, C.M., e Jay, G.K. (1986). Remoção de óleo e graxa em águas residuais de processamento de óleo águas residuais de processamento de petróleo. Preparado para o Distrito Sanitário do País de Los Angeles.

Clair, N.S., Perry, L.M., e Gene, F.P. (2003). Chemistry of Environmental Engineering and Science 5th ed. MC Graw-Hill Companies Inc.

Duffus, J.H. (1980). Enviromental Toxicology. 2nd ed. Edward Amold Publisher Ltd. London. Pp21-103

Duhon, H. (2012). Tratamento de água produzida: ontem, hoje e amanhã. Journal of Petroleum Technology.

Directrizes e normas ambientais para a indústria petrolífera na Nigéria (EGASPIN, 2000).

Faust, D.S., e Aly, M.O. (1983). Chemistry of wastewater treatment. Publicado por Butterworth. Boston.

Goldsmith, R. e Hessian, S. (1997). Ultrafiltration Concept for Separating Oil from Water (Conceito de ultrafiltração para a separação do petróleo da água). Washington: Guarda Costeira dos EUA.

Isehunwa, S.O., e Onovae, S. (2011). Avaliação da descarga de água produzida no Delta do Níger. ARPN Journal of Engineering and Applied Science. 6(8): 66-72.

Jeffrey, L. (2010). Em direção a uma nova metodologia para a remediação ambiental de Sistemas Aquosos Poluídos com Petróleo. Uma tese de doutoramento apresentada à Universidade de Aberdeen.

John, A.V., Markus, G.P., Deborah, E., e Robert, J.R. (2004). Um Livro Branco Descrevendo a Production of Crude oil, Natural gas and Coal Bed Methane [Produção de petróleo bruto, gás natural e metano de leito de carvão]. Departamento de Energia dos EUA, Laboratório Nacional de Tecnologia da Energia, preparado ao abrigo do contacto W-31-109-Eng 38.

Khatib, Z., e Verbeek, P. (2003). Resíduos para valorizar - Gestão da água produzida para desenvolvimento sustentável de campos maduros e verdes. Journal of Petroleum Technology. janeiro, 2003

Onojake, M.C., e Abanum, U.I. (2012). Avaliação e Gestão da Água Produzida de Campos petrolíferos seleccionados no Delta do Níger. Arquivos de Investigação Científica Aplicada. 4(1):39-47.

Onojake, M.C., Ukerun, S.O., e Iwuoha, G. (2011) Uma abordagem estatística para a avaliação dos efeitos dos resíduos industriais e urbanos em Warri, Rivers, Delta do Níger, Nigéria. Water Qual Expo Health. 3:91-99

Opololaoluwa Oladimarum Ijaola1 e Abimbola Yisau Sangodoyin (2020). Mecanismo de Adsorção de Paracetamol, Salbutamol, Maleato de Clorfeniramina em Carvão Ativado de Bambu produzido localmente na Nigéria. *Ciência e Tecnologia, 2020, 6(22), 93-106. ISSN: 2394-3750 $ E-ISSN 2394-3769.*

O. O. Ijaola, e A.Y. Sangodoyin. (2020). Remediação de poluentes emergentes em águas industriais contaminadas usando Oxytenanthera abyssinica e Bambusa vulgaris em um meio de tratamento. *IOP Conf. Series: Ciência e Engenharia de Materiais 1036 (2021) 012012 doi:10.1088/1757-899X/1036/1/012012. Pp. 1-12*

Paul, R.A. e Mark, M.B. (1985). Efeitos do Silício nas Propriedades de Cristalização e Adsorção de Óxidos Férricos. Ciência do Ambiente. Technology. 19 (11): 1048-1053.

Printed by Books on Demand GmbH, Norderstedt / Germany